LE MAGNÉTISME DES ANIMAUX

ZOOTHÉRAPIE

(Extrait du *Traité expérimental de Magnétisme*)

PAR

H. DURVILLE

Prix : **30** centimes.

PARIS
…RIE DU MAGNÉTISME
…, RUE SAINT-MERRI, 23

1896

LE MAGNÉTISME DES ANIMAUX

ZOOTHÉRAPIE

(Extrait du *Traité expérimental de Magnétisme*)

PAR

H. DURVILLE

Prix : **30** centimes.

PARIS
LIBRAIRIE DU MAGNÉTISME
23, RUE SAINT-MERRI, 23

1896

MAGNÉTISME DES ANIMAUX

(Zoothérapie). — I. Polarité des animaux vivants. — II. Polarité des animaux morts.

Les *animaux* sont nos auxiliaires naturels, nos domestiques, nos amis ; un disciple de Darwin, dirait même qu'ils sont nos frères en humanité. Nous avons sur eux une influence incontestable, et le magnétisme entre pour beaucoup dans cette action. La fascination ou influence magnétique du regard, joue à elle seule un rôle considérablement plus grand dans l'art du dompteur que tous les autres artifices qu'il emploie pour soumettre les fauves.

L'action magnétique de l'homme sur les animaux est suffisamment connue pour que je ne m'attarde pas à vouloir la démontrer. Citons seulement quelques particularités de leur vie intime pour montrer qu'ils possèdent presque tous la faculté de prévision qui ne s'observe que chez un très petit nombre d'entre nous, et qu'ils prévoi-

un danger qu'aucun indice ne nous fait soupçonner ; qu'en général, ils sont doués d'une sensitivité plus grande que la nôtre, leur permettant de percevoir l'action des agents de la nature et plus particulièrement les influences atmosphériques plus vivement que nous ; qu'ils exercent entre eux, selon les espèces, une action magnétique analogue à celle que nous exerçons nous-mêmes ; et que cette action, ils peuvent également l'exercer sur l'homme.

Le système nerveux des oiseaux, est doué d'une délicatesse telle, qu'ils prévoient longtemps à l'avance les plus petits changements atmosphériques. Ainsi, lorsqu'au soir d'un beau jour, la tempête se prépare à surprendre le pilote, les mouettes et les goélands s'y attendaient. Ils étaient là, sur les récifs, s'agitant, l'air inquiet, déployant leurs ailes, et poussant des cris plaintifs. La densité de l'atmosphère n'était pas encore sensiblement modifiée, le baromètre n'avait pas baissé, le ciel était pur et le calme le plus profond régnait dans toute la nature. Mais, depuis des heures, un point noir avait déjà fait tache à l'horizon. Le noir pétrel, le sinistre messager des tempêtes que l'on aperçoit près des navires lorsque le danger est imminent, est sorti de sa retraite et effleure la vague de son aile, comme pour voir si les flots en courroux ne lui apportent pas quelque victime. En effet, le baromètre baisse subitement, la nuée noire et menaçante paraît à l'horizon ; le vent s'élève, le flot monte, la vague écume, le tonnerre gronde et l'éclair sillonne les nues. L'oiseau, depuis le matin, avait prévu la tempête.

Le récit suivant, publié, d'après un témoin oculaire, par Victor Meunier dans le *Rappel* du 28 août 1883, est un exemple frappant de cette prévision chez les divers animaux.

« On était en plein hivernage, c'est-à-dire dans la saison des tempêtes. L'observation nous transporte à Saint-Vincent, l'une des Antilles. Le 4 septembre, dans l'enceinte resserrée du port, la chaleur était étouffante. L'observateur qui recevait l'hospitalité de Caraïbes, voit accourir plein de crainte et se blottir dans ses vêtements comme en un refuge, un petit épagneul appartenant à la jeune fille de ses hôtes. Frappé de cette allure, il s'informe ; on lui apprend que l'animal qui se trouvait sur le bord de la mer, ayant longuement humé l'air, avait tout à coup paru saisi d'effroi et s'était enfui sans cause apparente. Seulement l'eau du port, quoique le temps fut parfaitement calme, avait paru au narrateur plus haute et plus agitée qu'à l'ordinaire. Mais bientôt les signes d'épouvante donnés par une foule d'espèces, ne laissèrent plus de doute sur ce qui allait arriver.

« Des oiseaux de haut-vol, écrit l'observateur, s'abattaient sur les cases caraïbes, d'énormes chauves-souris, des chats-huants aussi grands que des oies, des iguanes longs comme des crocodiles sortaient des roches et venaient chercher un asile dans le carbet. Un monstrueux serpent tête de chien vint se réfugier chez moi et ne voulait plus en sortir. Les chèvres à poil fauve, descendaient au galop des montagnes et vinrent, toutes craintives qu'elles sont, s'établir sous l'abri de la salle du conseil. Je crus un moment qu'une bande de loups accourait du haut des mornes prendre gîte au milieu de nous. C'étaient des levriers gigantesques à l'œil sanglant... Les caraïbes leur avaient donné la garde des passes. Ces sentinelles vigilantes et féroces avaient été saisies de crainte et venaient de déserter leur poste. On voyait des marsouins, des dorades, des bénites, des bancs de poissons quitter la pleine mer, et s'engager entre les rochers du rivage pour fuir un danger dont ils avaient la prévision. »

« Pas un soufle de vent, mais par degrés la nature prenait un aspect effrayant. Le soleil resplendissant à son lever, avait perdu tous ses rayons, ressemblait à la lune, sauf par la couleur d'un rouge obscur de fournaise qui s'éteint. La clarté du jour diminuée, blafarde, fausse, tremblottait comme pendant une éclipse totale. La mer se soulevait et bouillonnait, pareille à l'eau d'une chaudière en ébullition, s'avançait dans le lit des rivières et refoulait le courant. Un rideau de nuages sombres couvrait tout le ciel en même temps qu'une brume s'élevant dans la région moyenne de l'air enveloppait l'horizon entier. Les feuilles pendaient le long des branches. Les hommes se fussent crus menacés d'asphyxie. Un long mugissement sous-marin leur arracha un cri d'effroi.

« L'ouragan s'annonçait. Il fut épouvantable. Les bêtes avaient eu leurs raisons. Bref, les animaux sont normalement et d'une façon permanente, quant à certaines sensibilités spéciales, dans l'état hyperesthésique où, par exception, et accidentellement, se trouvent placés les sensitifs. »

Les tremblements de terre ne sont généralement pas annoncés par nos instruments de physique, et nul être humain ne saurait les prévoir ; mais les animaux des localités menacées, un quart d'heure avant la trépidation, sont pris d'une folle terreur, poussent des cris et s'enfuient dans certains directions. Ces faits, bien connus, ont été observés scientifiquement. Au commencement de 1885, un tremblement de terre se fait fortement sentir en Andalousie. Une commission nommée par l'Académie des sciences se rend sur les lieux pour étudier ce que l'on pouvait encore observer du phénomène. M. Fouqué, rapporteur de la commission, a consigné dans son rapport cette faculté de prévision des animaux de la région qui, épouvantés, ont pris la fuite pour échapper au danger que nul être humain ne prévoyait.

Il en est toujours de même à l'approche des éruptions volcaniques qui doivent causer des dommages sérieux. Les flancs de la montagne sont abandonnés par les animaux qui fuient épouvantés.

Les récits des voyageurs témoignent assez de faits de prévision analogues pour que je me dispense de multiplier les exemples.

Les épidémies sont également prévues par les animaux ; et ceux qui ne sont pas retenus au sol par les attaches de la domesticité, s'enfuient vers des régions qui ne doivent pas être dévastées par le fléau.

En 1884, quand le choléra faisait de nombreuses victimes à Marseille et à Toulon, tous les oiseaux abandonnèrent ces deux villes pour se réfugier dans les îles d'Hyères qui sont restées indemmes.

De semblables émigrations ont été observées dans différentes parties de l'Italie, de l'Autriche, de la Russie avant l'arrivée du choléra. Il en fut de même en Espagne, en Turquie, en Grèce.

En 1892, le même fait se produisit en Galicie. Tous les moineaux quittèrent subitement la vallée de Prezemsyl, deux jours avant l'apparition du fléau pour n'y retourner qu'en novembre, alors que la meurtrière épidémie avait complètement disparu.

Vers 1840, une épouvantable maladie, la *suette*, éclate dans une partie du Périgord, terrifiant la population, ruinant les habitants ; aussitôt tous les oiseaux des champs et des bois disparaissen de la contrée en deuil; et lorsque le fléau a étendu sa dernière victime, on voit de toutes parts accourir les oiseaux absents.

Il y a quelques années, lors de l'épidémie cholérique qui désola la ville de Hambourg, on a constaté, non sans surprise que, huit ou dix jours avant l'apparition de l'épidémie, tous les oiseaux quittèrent la ville pour n'y revenir que lorsque le danger eut disparu.

Si nous considérons quelques animaux relativement à l'instinct de reproduction, nous constatons une faculté de prévision analogue. Voici un exemple tiré de *l'Extase ou les Miracles comme phénomènes naturels*, par Luc Desages, qui montre la merveilleuse prévoyance qu'ils ont pour leur progéniture.

« Cette sorte d'abeille qu'on nomme la solitaire, n'est-elle pas excellemment douée sous ce rapport ! Son existence est bornée à quelques mois pendant lesquels elle doit devenir mère. Elle dépose ses œufs dans des trous de muraille ; mais mourra avant qu'ils n'éclosent. Elle le sait. Elle pourvoit à tout ; ses œufs viendront à point, parfaitement abrités dans leur cachette. Les larves, qui les nourrira ? Elle, ou du moins ses soins prévoyants. La voilà en campagne. De loin, d'une lieue peut-être, elle a vu un ver; elle chasse à coup sûr. Cette espèce de vers dont elle prend plusieurs individus est la seule qui lui convienne.

Elle porte sa proie à son mur, plie ses victimes en deux et les force d'entrer dans son nid, car leur chaleur doit couver les œufs. Mais, qui empêchera le ver de sortir une fois l'abeille morte? Elle encore. Elle pique ses hôtes malencontreux légèrement, pas assez pour les tuer. Ils vivront languissants jusqu'au jour ou les larves hors de leurs enveloppes pourront se nourrir de leur substance. Qui a donné à cette abeille ce don admirable de prévision !...

« Tenez, monsieur, continue l'auteur dans son enthousiasme, voulez-vous que je vous le dise? Si les hommes sont quelquefois en extase, les animaux y sont toujours; c'est leur norme; là est le secret de leurs merveilleux instincts. »

Par leur manière d'être, le plus grand nombre des animaux annoncent la pluie et le beau temps, souventplutôt que le baromètre.

Ainsi, à l'approche de la pluie, l'hirondelle et le martinet rasent la terre dans un vol précipité ; le pinson de nos jardins fait entendre une note triste et plaintive ; l'oie de la basse-cour va, vient, s'agite et bat des ailes, se jette à l'eau et manifeste une inquiétude plus ou moins vive ; le paon pousse des cris plus fréquents ; la poule cherche ses puces ; le pivert gémit ; le perroquet jase ; la pintade cherche à se percher ; la grenouille se tait ; le crapaud se promène ; et le plus grand nombre des oiseaux se taisent.

Au contraire, quand il va faire beau, les oiseaux gazouillent avec entrain ; le rouge-gorge se fait entendre sur la cime des arbres les plus élevés, l'hirondelle s'élève dans les nues, l'alouette part du sillon et monte dans les airs pour nous faire entendre son doux refrain, le crillon répète son cri-cri, et la rainette monte aux arbres.

Lorsque l'araignée cesse de travailler à sa toile, c'est signe de pluie. Si elle continue ou recommence ses lacs pendant la nuit, c'est que le beau temps va revenir. A l'approche de la pluie, elle raccourcit les fils qui suspendent son ouvrage et les laisse ainsi jusqu'au retour du beau temps. La longueur de ces fils peut donc nous servir d'indice pour reconnaître la durée du beau et du mauvais temps. Chaque jour, elle apporte des modifications à sa toile. Si elle les fait avant le coucher du soleil, c'est que la nuit sera belle et claire. C'est sans doute de cette observation que nous vient ce vieil adage « araignée du soir, espoir. »

Quand la pluie tombe, si les poules ne se cachent pas et continuent à chercher leur nourriture, c'est qu'elle doit durer longtemps ; tandis que si elles restent à l'abri, c'est qu'elle ne doit pas durer.

Quelques auteurs, s'enthousiasmant devant les facultés instinctives des animaux, sont allés jusqu'à leur accorder le sens esthétique et le sens religieux. Sans aller jusque-là, nous devons admettre que la prévision du danger est inhérente à la nature du plus grand nombre des espèces, et que cette faculté atteint un degré de constance et de certitude que l'on ne trouve jamais chez l'homme, si ce n'est dans l'état de somnambulisme lucide.

Examinons maintenant une autre faculté que l'on observe chez quelques espèces avec une intensité et une précision que le plus habile magnétiseur est toujours incapable d'atteindre, même avec les sujets les plus sensitifs. Je veux parler du pouvoir que certains animaux possèdent de charmer, d'attirer à eux les animaux plus petits qui constituent leur pâture quotidienne.

Le chien, par la peur qu'il inspire, tient la perdrix en arrêt pendant quelque temps ; mais un certain nombre d'animaux agissent d'une façon différente, par une véritable action magnétique qui peut, seule, devenir mortelle. Le serpent est dans ce cas. Il darde les rayons puissants de ses yeux sur les victimes qu'il convoite, les charme, les fascine, les attire ; et, d'elles-mêmes, elle viennent se jeter dans la gueule béante du monstre qui les engloutit. Au dire de certains observateurs, il arrive même parfois que lorsqu'on rompt le charme qui attirait la victime, vivante encore, celle-ci ne tarde pas à succomber sous l'influence délétère qu'elle a subie, sans qu'on puisse sérieusement constater la moindre lésion organique.

Les savants ne croient pas à l'action magnétique du serpent, ils pensent que son action est la même que celle du chien sur la perdrix ; et voici comment Milne-Edwards s'exprimait en 1840 au sujet de l'action que le crotale ou serpent à sonnette exerce sur les petits animaux:

« On a cru que le crotale possédait dans son regard une espèce de charme, qui forçait ses victimes à se précipiter dans sa gueule ; car on a souvent observé qu'il lui suffisait de se montrer immobile au pied d'un arbre, et de tenir ses yeux fixés sur la proie convoitée, pour que celle-ci, agitée de mouvements presque convulsifs, finisse par tomber à terre, près de lui ; mais cette prétendue fascination n'est réellement que l'effet de la frayeur excessive qu'il inspire. Rarement un animal surpris par un crotale, cherche à s'échapper ; tantôt il reste comme pétrifié, tantôt il se livre à des mouvements désordonnés qui, au lieu de le sauver, rendent sa capture plus facile. »

Voilà comment, au nom de la science, les savants jugent les phénomènes qu'ils ne connaissent pas ; et que très souvent — on l'a vu à l'Académie de médecine en 1848 et 1849 pour le magnétisme —, ils ne veulent même pas connaître. Il est vrai que la satisfaction d'assister au déjeuner d'un ophidien en liberté n'a jamais été donnée à un académicien ; mais ce n'est pas une raison suffisante pour que l'un deux s'inscrive magistralement en aux contre une explication rationnelle qui n'abaisse pourtant pas son savoir doctoral.

Pour tout observateur qui a été témoin de ce phénomène étrange, il est évident que la frayeur ne tient que fort peu de place dans sa production. Il y a probablement, d'abord de la fascination excercée par les yeux du serpent sur ceux de la victime, puis une action plus magnétique encore, si je puis m'exprimer ainsi, qui agit par attraction. Quand le serpent veut s'emparer d'un oiseau, d'une souris, d'une grenouille — qui ne consent jamais à lui donner sa vie, — il s'approche en silence jusqu'à une distance de 4, 5, 6 mètres même, et, la gueule démesurément élargie, la tête relevée, il darde fixement les rayons de ses yeux sur l'animal convoité. Celui-ci, bientôt terrifié crie, se débat et cherche à sortir du champ d'action dans lequel il est enfermé. Sautillant à droite et à gauche, mais avançant toujours, lentement d'abord, puis plus rapidement, il décrit des zigs-zags de chaque côté de la ligne droite qui, partant du point ou il se trouvait au début de l'action, va au gouffre béant du monstre qui l'attire et va l'engloutir. Arrivé à peu de distance du but fatal, il fait des efforts inouis et se retourne dans l'espoir d'échapper plus facilement; mais c'est en vain; il a été attiré de face, il sera également attiré par derrière. Il n'avance plus, mais recule, et cela, d'autant plus vite qu'il est plus près. Là, il plonge de lui-même une patte de derrière dans le gouffre, puis l'autre patte, enfin toute la partie postérieure de son corps ; et sans que le serpent fasse d'efforts apparents, la victime glisse dans son gosier pour disparaître bientôt complètement.

On remarquera que c'est toujours en reculant que la victime se présente, et qu'aux trois quarts avalée, elle pousse encore des cris de désespoir ; de plus, si c'est une souris, un mulot, une grenouille ou n'importe quel petit quadrupède, on le voit se cramponner au sol avec ses pattes antérieures pour s'y maintenir.

Ce n'est donc pas exclusivement par la fascination que le serpent agit sur sa victime, puisqu'au bout d'un moment, celle-ci lui tourne le derrière. Puisqu'elle crie, se débat et cherche à s'enfuir, ce n'est pas non plus « l'effet de la frayeur excessive qu'il inspire » qui anéantit sa volonté. Il n'y a pas de stupeur, pas de paralysie des mouvements, et ceux qu'elle fait ne rendent pas « sa capture plus facile » comme le pense Milne-Edwards, puisque le serpent reste immobile. Il y a donc réellement une action attractive qui ne saurait être qu'une action magnétique analogue à celle du magnétiseur sur le sujet de ses expériences. L'aile frémissante de l'oiseau, ses cris plaintifs, accusent trop bien la domination irrésistible et douloureuse que subit la victime aux abois. Emportée malgré elle par une force attractive que sa volonté est incapable de vaincre, elle ne cesse pas un seul instant de vouloir s'y soustraire.

Les ophidions ne sont pas les seuls animaux doués de ce pouvoir étrange. L'araignée agit comme eux sur les petits insectes qu'elle dévore, et ses victimes aux abois se comportent identiquement comme celles du serpent. Il est très probable que beaucoup d'autres animaux carnivores n'emploient pas d'autres moyens pour assurer leur existence.

Le serpent, ce monstre venimeux, que presque tous les animaux fuient, est pourtant capable, dans certains cas, de faire naître d'incroyables sympathies. La chèvre, la brebis, la vache même se laissent téter par lui et paraissent même y éprouver une grande satisfaction. On observe alors une aberration complète de l'amour maternel, si puissant chez les animaux, qui pousse la bête ainsi charmée -- par ce temps d'hypnotisme à outrance, on a même dit *suggestionnée*, — à abandonner son petit. Elle se rend d'abord d'elle-même au nid du charmeur, l'avertit par un beuglement spécial, et celui-ci n'à qu'à sortir, sans se déranger davantage, pour prendre son repas à la mamelle que la nature ne lui destinait pas.

Cette faculté du serpent de charmer, d'attirer à lui, ne s'exerce pas seulement sur les animaux ; l'homme y est également sensible. John Kleibs, un célèbre naturaliste, herborisant dans les environs du Cap, rencontre sur son chemin un enfant de 8 ans dont l'attitude lui paraît des plus irrégulières. Immobile comme une statue, pâle, la bouche entr'ouverte et le cou tendu, il regarde avec stupeur un objet que le naturaliste n'a pas encore aperçu. Il semble pétrifié, des larmes coulent le long de ses joues. Tout à coup, il voit avec effroi une énorme serpent cracheur qui s'avance doucement vers sa victime er. souillant les herbes de sa salive empoisonnée. Détail horrible, qui prouve jusqu'à quel point l'enfant est subjugué : Quand le serpent avance la tête, sa victime, qui est certainement dans un état cataleptique presque complet, tend le cou et répète exactement tous les mouvements du reptile. Kleibs rompt le charme en envoyant une balle dans la tête de l'animal. Ramené à son village, l'enfant est pris de convulsions terribles qui ne cessent que le lendemain.

J'ai vu une jeune dame sensitive qui éprouvait une indiscible satisfaction près des boas du Jardin des Plantes. Attirée vers eux, elle collait sa poitrine et sa figure sur les grilles, et au bout de quelques instants, il fallait l'emmener malgré elle et lui souffler sur le front pour faire cesser un commencement d'état cataleptique dans lequel elle se trouvait.

La bible, qui représente le serpent comme la personnification du démon, en fait le tentateur qui perdit la femme. Tout en lui attribuant des facultés surnaturelles, l'antiquité en fit l'emblême de la prudence. A Delphes, pour inspirer la pythie, on élevait des serpents dans le temple d'Apollon pythien, et le trépied prophétique était revêtu de leur dépouille.

Il y a dans toutes ces appréciations, comme dans la croyance qui attribuait au basilic le pouvoir de tuer l'homme de son regard, un fond de vérité mêlé à beaucoup d'exagérations ; cela nous démontre néanmoins que les anciens ont observé le pouvoir étrange, magnétique entre tous, que certains animaux exercent autour d'eux.

Il paraît que le crapaud est doué d'une force analogue à celle du serpent; et que, dans certains cas, il est capable de l'exercer sur l'homme.

L'abbé Rousseau, un petit savant enthousiaste, qui fut médecin par la grâce de Louis XIV, prétendait que l'on pouvait faire mourir un crapaud enfermé dans un bocal, rien qu'en le regardant fixement pendant quelques instants ; mais l'opération aurait son mauvais côté. « Un jour, dit Larousse, que l'abbé Rousseau voulut recommencer cette expérience, qu'il avait, dit-il, réussie vingt fois, le crapaud le regarda si fixement que ce fut l'expérimentateur lui-même qui, cette fois, tomba en syncope et faillit mourir. On s'est beaucoup moqué au XVIIIe siècle de la crédulité de l'abbé Rousseau et de son crapaud fascinateur; mais peut-être faut-il ne voir dans le résultat de l'expérience qu'il rapporte qu'un simpl fait d'hypnotisme très explicable aujourd'hui. »

Comme Milne-Edwards pour l'action du serpent, le rédacteur biographique de l'abbé Rousseau dans le *Dictionnaire Larousse*, a vite fait de trancher la question. Je n'ai jamais expérimenté avec des crapauds pour vérifier cette expérience ; mais l'analogie me porte à croire qu'il n'y a pas eu d'hypnotisation chez l'abbé Rousseau, c'est-à-dire que la fixation de son regard sur l'animal ne l'a pas impressionné, et qu'il a été réellement magnétisé par le crapaud, qui, sentant sa vie en danger, s'est défendu, en exerçant une action volontaire plus forte et peut-être plus délétère que celle qu'il recevait.

Il n'y a pas que les ophidiens et les amphibiens qui soient capables d'exercer une action magnétique sur l'homme. L'histoire suivante, racontée il y a quelques années par F. Rozier dans la *Revue scientifique*, le démontre suffisamment.

« Il y a longtemps, pas loin d'une trentaine d'années, dit le narrateur, j'avais un ami, professeur de musique dont le fils était doué d'une manière étonnante pour la musique ; il est devenu un compositeur distingué et a déjà eu des opéras et des oratorios représentés ; il est encore jeune et n'a certainement pas dit son dernier mot. Il avait alors une douzaine d'années ; son père me pria de lui inculquer quelques éléments de sciences physiques, d'arithmétique, etc. J'avais un perroquet vert qui, juché sur son perchoir, assistait régulièrement à nos leçons.

« Un jour, au beau milieu d'une démonstration, je m'aperçois que mon élève a une figure singulière ; ses traits sont immobiles, ses yeux grands ouverts, fixes, sa bouche entr'ouverte ; il est comme frappé de stupeur. Je cesse de parler, il ne remue pas ; au bout d'un instant il se soulève lentement, sans quitter le perroquet des yeux, lève le bras droit et la jambe gauche, en penchant son corps, dans la position d'un homme qui va s'envoler ; puis d'un mouvement rythmé, il lance son bras droit en avant, le ramène contre son corps, recommence, et ainsi de suite, pendant que la jambe gauche est projetée en sens contraire et accompagne tous les mouvements du bras droit.

« Or, à ce moment-là, le perroquet exécutait justement cette sorte de danse, avec une aile et une patte, ce qui du reste lui arrivait assez souvent.

« L'enfant, l'œil fixé sur le perroquet, reproduisait fidèlement tous ses mouvements.

« Enfin le perroquet allonge une dernière fois sa patte, replie ses ailes, lance une sorte de sifflement, et reprend son immobilité hiératique.

« L'enfant s'arrête aussi, paraît sortir d'un rêve et se rassied en disant : « Est-ce drôle ! »

« Il n'avait pas perdu connaissance, il avait la pleine conscience de ses actes ; mais la leçon n'a pas été continuée, il était inattentif, excité ; il ne souffrait pas, mais se trouvait à peu près dans la situation mentale et somatique où aurait pu le plonger le récit d'une histoire qui l'aurait profondément ému.

« Ici, nous approchons beaucoup de la fascination ; le perroquet parait bien avoir *pris les yeux de l'enfant* ; e phénomène a bien été suivi d'un malaise analogue à celui de l'oiseau qui s'approche insensiblement de la gueule ouverte du serpent. Mais il faut remarquer que le perroquet ne s'occupait pas du tout de l'enfant, ne le regardait même pas ; je crois qu'il est plus rationel d'énoncer ainsi la suite des phénomènes : curiosité éveillée, attention, imitation et demi-hypnotisation. »

Les mots « attention, imitation, demi-hypnotisation » n'expliquent qu'une partie des effets sans rien dire de la cause qui les produit. Il est évident que le sujet de cette observation était sensitif à un très haut degré et qu'il s'est trouvé plongé dans un état voisin de la catalepsie, comme le démontrent les mouvements automatiques qu'il exécutait. C'est donc le mouvement de l'oiseau qui s'est transmis à l'enfant ; mais comment s'est il transmis ???. — Je crois qu'il est inutile d'ajouter que c'est bien par une action magnétique, dont je ne chercherai pas a expliquer le mécanisme.

Par le contact ou simplement par l'approche,

un individu sain, fort et robuste communique le mouvement propre de sa vitalité à un autre individu délicat, faible ou malade, et celui-ci communique à l'individu sain le mouvement de son état maladif. Il en résulte un échange qui est parfois nuisible au premier, mais qui est toujours utile au second. J'ai démontré cette vérité physiologique au chap. II de cet ouvrage en citant quelques considérations sur l'action que les individus exercent les uns sur les autres. Et ce qui est vrai pour les hommes entre eux, est également vrai quand il s'agit des animaux ou des rapports de ceux-ci avec l'homme. Aussi, dans tous les temps, on a employé l'action vitale de certains animaux, soit comme agent préservatif des maladies, soit comme agent thérapeutique. On a retrouvé récemment, dans des inscriptions découvertes à Epidaure, près du temple d'Esculape, la mention des guérisons obtenues par le lèchement des chiens sacrés, chez des individus atteints d'ophtalmie et même de cécité.

En Ecosse, on est persuadé que le meilleur remède à opposer à une blessure ou à un mal qui suppure est de le faire lécher par un chien. En Bohême, on fait lécher les nouveaux-nés par un chien pour qu'il ait une bonne vue. Dans plusieurs contrées de la France, notamment dans les Vosges, en Allemagne, on emploie le lèchement des chiens contre les rhumatismes. Il parait qu'à Ilzohoé, dans la province de Shlewig-Holstein, la municipalité exempte de la taxe, les chiens servant à cet usage. En Vénétie, on croit que le chien a du « baume sur la langue ».

Dans un certain nombre de fermes où l'on fait l'élevage des chevaux et de moutons, on garde un ou plusieurs boucs, dans le but de chasser les maladies. Nous savons que les odeurs exercent une action sur l'organisme ; et l'odeur si pénétrante qui se dégage du bouc pourrait bien être un antiseptique, un anti-microbe de certaines maladies ; dans tous les cas, cette pratique se perpétue depuis un temps immémorial.

M. Ed. Raoux, professeur à Lausanne, aussi ardent végétarien que partisan convaincu de l'action préservatrice et curative des animaux, a préparé un travail sur ce sujet ; mais la mort est venue le frapper avant qu'il ait pu rassembler tous les matériaux qu'il attendait. Voici l'esquisse de ce remarquable travail, qui devait paraître sous le titre : « *Zoothérapie*, ou traitement de l'homme malade par le magnétisme des animaux. »

Introduction.

La décadence croissante de la *santé physique* et de la *santé morale* dans toutes les classes de la société contemporaine, est démontrée aujourd'hui par toutes les statistiques impartiales et par tous les médecins amis de la vérité.

Notre civilisation enfiévrée et surmenée glissera sur ces deux pentes redoutables tant que l'*hygiène* privée et l'hygiène publique seront ignorées ou mises sous les pieds ; tant que les médecins vivront de nos maladies, au lieu de *vivre de notre santé*, comme dans les pays où ils sont rétribués par l'Etat.

Malgré leur optimisme habituel, les *statistiques* officielles sont obligées d'enregistrer des chiffres effrayants, à l'endroit des maladies de tout genre, des désordres moraux les plus graves, des anomalies intellectuelles, des aliénations mentales, des suicides, des crimes, etc., etc., et de sonner le tocsin pour avertir le public du danger.

En attendant que les autorités législatives et les pouvoirs publics retrouvent leurs oreilles pour entendre ces appels alarmants, chaque citoyen doit pourvoir lui-même à sa préservation et à ses moyens de défense.

La plupart des malades vont chercher ces armes offensives et défensives dans deux arsenaux plus riches en moyens d'aggravation du mal, qu'en moyens de guérison, savoir la *polypharmacie* plus ou moins savante et l'*empirisme* plus ou moins entaché de charlatanisme.

L'arsenal qui fournit les armes les plus puissantes, l'*hygiène intégrale*, est ignorée, dédaignée ou mise sous les pieds.

L'Hygiène a le tort, aux yeux des sots, dont le nombre n'est pas petit, d'employer des moyens trop faciles, trop vulgaires, et trop lents. Elle a de plus le malheur d'être fort peu recommandée par la plupart des médecins, qui sont médiocrement enchantés que l'on guérisse sans leur permission.

Notre génération névrosée, surexcitée et impatiente, va donc frapper à la porte des pharmaciens les plus riches en produits chimiques ; des droguistes, herboristes et empiriques les plus vantés par les journaux ; des médecins les plus renommés pour leurs traitements expéditifs et leurs remèdes héroïques.

Elle va fouiller laborieusement et à grands frais toutes les officines de thérapeutique savante ou vulgaire, et passe dédaigneusement à côté du *Temple de la Santé*, où elle aurait pu trouver la guérison au moyen des agents naturels : l'*air*, les *aliments*, la *lumière*, le *mouvement*, le *magnétisme*, les *influences morales*, etc.

Nous ne commettrons point cette série de fautes et notamment la dernière, en laissant croire aux malades qu'ils peuvent se passer de l'*hygiène générale*, et trouver la guérison dans un seul de ses facteurs, fut-ce le plus fécond, le *régime alimentaire*. Nous leur recommanderons au contraire de graver profondément dans leur mémoire le tableau suivant qui pourrait représenter les sept colonnes du *Temple d'Hygie*, ou les sept moyens naturels de *prévenir* et de *combattre* avec succès la plupart des maladies :

1° *Aérothérapie* (*l'air*).

2° *Bromothérapie* (*la nourriture*).
3° *Photothérapie* (*la lumière*).
4° *Dynamothérapie* (*le mouvement*).
5° *Magnétothérapie* (*le magnétisme de l'homme, des animaux, de l'aimant et de la terre*).
6° *Psychothérapie* (*influence de l'âme*).
7° *Hydrothérapie* (*l'eau*).

Ces sept agents constituent les sept branches de la médecine naturelle, avec la terminaison *thérapie* ou *phylaxie*, suivant qu'elles ont pour but la guérison ou la préservation des maladies.

Ces deux buts seront plus ou moins atteints par la nature, la qualité, la température, la densité, le mouvement, et les différents états de l'*air* ;

Par la nature, la qualité, la quantité, la température et les proportions relatives des *aliments* solides, liquides et gazeux ;

Par la nature, la quantité et la qualité de la *lumière* solaire, (bains de soleil ou *hélioses*, diverses couleurs de l'arc-en-ciel, obscurité graduée, etc., etc.) ;

Par la nature, la qualité, la thermalité, la minéralisation et l'agitation de l'*eau* ;

Par les exercices actifs ou passifs, et les nombreuses espèces de *gymnastique* ;

Par les attractions et les répulsions mutuelles des êtres vivants, c'est-à-dire par le *magnétisme animal* ou zoologique, s'il s'agit des influences des animaux sur l'homme, par l'action de l'aimant et du globe terrestre.

Enfin par les influences *psychologiques* internes ou externes sur la tristesse ou la gaieté, le découragement ou l'espérance, la solitude ou la vie sociétaire des divers malades.

Ne devant traiter ici que du *magnétisme des animaux*, nous renverrons aux ouvrages spéciaux tout ce qui se rapporte au *magnétisme humain*.

De la Biothérapie.

Deux êtres vivants mis en contact ou même placés à une certaine distance, rayonnent toujours plus ou moins l'un sur l'autre, sans aucune intervention de la volonté.

Le corps *sain* ou *fort* communique de la vitalité au corps *malade* ou *faible*, et celui-ci rayonne des principes morbides sur le corps en santé.

S'il s'agit de deux êtres humains, c'est du *magnétisme* proprement dit ou physico-moral.

S'il s'agit d'un homme et d'un animal, c'est du magnétisme zoologique, de la *zoothérapie*.

Le magnétisme humain est tantôt inconscient et *involontaire*, tantôt volontaire.

Des exemples frappants du premier cas, sont donnés par les influences morbides de certains maris sur leurs femmes ou réciproquement, (*veufs* de plusieurs épouses, *veuves* de plusieurs maris).

Il en est de même des influences réciproques des *enfants* et des *vieillards* couchant dans le même lit. Le vieillard se vitalise ; l'enfant s'affaiblit toujours, et meurt quelquefois.

Le docteur Noirot en cite plusieurs exemples tirés de l'histoire biblique et des auteurs modernes, notamment du Dr Hochstetten, de Reutlingen. (L'*Art de vivre longtemps*, 1868, p. 21 à 27).

Ce dernier médecin compare l'influence thérapeutique de certains animaux à celle du paratonnerre qui soutire l'électricité des nuages.

« Il a vu souvent des bergers se guérir de sciatiques opiniâtres en mettant leurs jambes en contact avec un chien vigoureux et bien portant.

« L'animal donne bientôt des signes d'inquétude, et lorsqu'on le lâche, il s'enfuit en criant et en boîtant ». (p. 26.)

« Histoire du vieux David et de la jeune Sunamite ; du vieux bourgmestre d'Amsterdam, traité par Boerhaave, et de l'empereur Barberousse ». (p. 22 et 23.)

Le magnétisme conscient et volontaire ou *magnétisme* proprement dit exige de nombreuses *conditions* pour être efficace, et même pour ne pas être dangereux, savoir :

1° *La santé générale du magnétiseur*, car s'il est atteint lui-même de quelque désordre biologique, il peut le transmettre au malade, ou ne pas posséder assez de force vitale pour triompher du mal de son sujet;

2° Un fluide vital *thérapeutique*, car il y a des corps bien portants qui rayonnent des influences morbides involontaires et inconscientes comme le démontre clairement le fait trop peu remarqué de *veufs*, qui ont causé la mort de plusieurs femmes, et de *veuves*, qui ont perdu plusieurs maris ;

3° Sa *compétence* ou sa *capacité magnétique*, car son ignorance ou son instruction insuffisante peuvent quelquefois lui faire exécuter des manœuvres stériles ou même nuisibles ;

4° *Sa parfaite moralité*, vu les dangers de la *suggestion*, du sommeil provoqué dans une coupable intention, etc.

La rareté des magnétiseurs dans beaucoup de localités, et la difficulté des *conditions* nécessaires, obligent les malades à la seconde espèce de biothérapie, celle qui est relative aux influences biologiques des animaux.

C'est une précieuse ressource qu'on peut trouver dans tous les pays, et souvent sans aucune dépense, ressource qu'on a grand tort de négliger, car avec des précautions convenables, on pourrait obtenir de très importants résultats.

De la Zoothérapie.

La zoothérapie était connue des anciens, et l'*histoire* de ces traitements, bien que mêlée à des superstitions et à beaucoup d'empirisme, serait certainement très instructive. Limité par le cadre de ce travail, nous aborderons immédiatement la partie pratique de cette méthode thérapeutique encore si peu connue.

La première condition à réaliser ici, c'est que les animaux employés jouissent d'une *santé parfaite*, car beaucoup de leurs états morbides pourraient se transmettre à l'homme, soit par le contact, soit par les émanations corporelles ou par la respiration.

Il sera donc utile, dans les cas douteux, de recourir aux lumières d'un vétérinaire expérimenté.

On trouvera, du reste, des indications et des instructions pratiques dans les nombreux exemples de traitements heureux dont nous allons donner le résumé. Quelques cas ont été publiés dans le *Journal du Magnétisme* (numéros de novembre 1886 et juin 1887). Ils ont été communiqués aux deux *Sociétés d'hygiène* et de *Magnétisme* de Lausanne présidées par le professeur Raoux.

I. — M. Dumas, clerc d'avoué, à Chambéry, rue de Boigne, était atteint de rhumatismes articulaires. Il possédait un chien griffon — âgé de trois ans — qu'il faisait coucher avec lui chaque fois que les crises le prenaient, car il lui semblait que le corps de l'animal appliqué sur la région douloureuse calmait son mal. Ce chien, ordinairement très carressant, donnait alors des signes évidents de malaise, et s'il parvenait à s'échapper, allait se réfugier dans le coin le plus obscur de l'appartement.

Dans le courant de novembre 1887, les crises prirent M. Dumas avec plus d'intensité que d'habitude. Pendant toute une nuit, il garda son chien dans son lit, maintenu de force contre le siège du mal. Le lendemain les douleurs avaient disparu, mais le chien était malade, poussait des gémissements plaintifs ininterrompus, et deux jours après il expirait dans une convulsion suprême.

2° Un ecclésiastique d'une trentaine d'années, et d'un tempérament nervoso-bilieux, était à l'agonie sous l'influence d'une fièvre aiguë qui avait résisté à tous les traitements pharmaceutiques. Le malade avait été saturé de quinine, et ne pouvait ouvrir la bouche pour en absorber de nouvelles doses. Il avait perdu la parole et le mouvement, et le médecin le considérait comme voué à la mort, lorsqu'un chat, profitant d'un instant où le moribond avait été laissé seul, vint se coucher sur son corps et y fit une longue pose. Chassé par la garde-malade, il revint à la charge pendant plusieurs jours. La première station avait produit une transpiration abondante, suivie d'une sensible diminution de la fièvre. Pendant la seconde, la transpiration devint extraordinaire, et le patient dût renouveler plusieurs fois son linge. La crise de la guérison venait de se produire, et le malade reprit l'usage de ses sens et de la parole. Il était sauvé.

Quant au chat si bon médecin, il avait disparu.

On le trouva mort au fond du jardin, les poils hérissés, et les membres contractés. Le brave animal avait payé de sa vie la guérison de son maître.

Ce succès thérapeutique a été raconté et attesté dans une séance de la société, par la personne même qui en avait bénéficié.

3° Une garde-malade de Lausanne raconte qu'elle a guéri dernièrement une dame qui souffrait d'une douléur rhumatismale au genou, en lui faisant maintenir un gros chat surle mal, pendant deux ou trois jours. Dès la première séance, l'animal donna des signes de malaise et chercha à s'échapper. Il fut encore plus difficile de le maintenir sur le genou malade, pendant les deux suivantes, et il n'y eut plus moyen de le retrouver dans la maison. Il était allé mourir dans une cour, du mal dont il avait délivré cette dame.

4° L'auteur de ces lignes vient de traiter avec succès une recrudescence rhumatismale remontant à plus de quarante ans. Ce vieux souvenir du mistral de Montpellier, dont le réveil était quelquéfois long et douloureux, a été réduit au silence par l'application d'un jeune chat vigoureux sur la région cervicale, d'abord pendant 12 minutes, et le lendemain, pendant 8 minutes seulement. Cette seconde séance a dû être abrégée, à cause des signes de mécontement et de vive impatience que donnait l'animal, sentant qu'il ne soutirait rien de bon à cette nuque malade. Le chat guérisseur en a gardé rancune à son maître, mais sa santé n'a pas été altérée.

5° Un médecin magnétiseur de Genève cite le cas démonstratif d'un languedocien qui se soulageait de ses rhumatismes, en les faisant passer dans les muscles de ses chiens, dont la plupart mouraient du mal soutiré à leur maître. Le fait était si connu et si frappant, que cet ingénieux malade avait été surnommé dans le pays, *lou crebo tchi* (le crève chien).

6° Le grand-père d'une garde-malade de Lausanne s'est guéri d'une ancienne douleur au côté en faisant coucher avec lui un petit chien qui est devenu malade à son tour, et qui n'a pas tardé à mourir.

7° Une dame de Lausanne fait disparaître, pour un certain temps, de très violentes migraines par l'application du corps de son chien, sur le front. Ces expériences répétées n'ont point altéré la santé de l'animal.

8° Le docteur Bonnejoy, de Chars en Vexin, le zélé vulgarisateur du *végétarisme* en France, s'est délivré d'une douleur à l'épaule en y maintenant un corbeau apprivoisé. Il sentait, chaque fois, une forte chaleur sur la place douloureuse et le corbeau finit par l'abandonner. Son maître le chercha pendant plusieurs jours, et le trouva mort dans le bassin d'une fontaine, où il était sans doute allé pour éteindre la fièvre contractée.

Les personnes qui ont à leur disposition des pigeons, des poules, des dindes, des cygnes et des oiseaux de grande taille, devraient tenter dans ce domaine inexploré, des expériences médicales qui ne leur coûteraient qu'un peu de patience, et qui pourraient bien les dédommager amplement de leur peine. Plusieurs bonnes femmes emploient avec succès les *chats bassinoires en place de bouilloires*. Pourquoi n'inventerait-on pas les *chancelières vivantes*, en remplaçant les peaux mortes par des plumes et des duvets, faisant rayonner le brasier intérieur de la famille ornithologique?

On connait depuis longtemps les *influences thérapeutiques* des séjours prolongés dans *les étables à vaches*. Hippocrate les signalait déjà, et le savant Térapi, de Florence, a obtenu, par ce moyen, des résultats qui ont de beaucoup dépassé son attente.

On cite aussi de remarquables guérisons obtenues par un docteur américain, au moyen du contact des malades avec le cou et la tête de l'animal.

Un médecin de Lausanne mentionne un cas de guérison inespérée, obtenue par un séjour de deux ans dans une étable à vaches. Il s'agissait d'un ami de Bichat, le Dr Loiseau, qui, sur le conseil d'un médecin de Montpellier, coucha pendant deux ans dans une étable, s'y guérit d'une débilitation progressive alarmante et trouva une vitalité qui lui a fait atteindre sa 90e année.

« L'air exhalé par les animaux, dit un vieil expérimentateur, cet air étudié par Crookes dans ses *essais sur la lumière radiante*, est un antiseptique puissant qui tue les microbes à une certaine pression obtenue par la chaleur des animaux comme le soupçonnait déjà le grand Ambroise Paré. »

Dans la station hivernale de Davos, en Suisse, on emploie ce traitement avec succès pour les maladies des voies respiratoires, et probablement aussi pour les anémies et les chloroses.

Enfin, un riche habitant de Berlin faisait construire en 1888 un vaste bâtiment, en vue d'appliquer ce traitement aux malades atteints de tuberculose.

9. — M. Valkener, capitaine en retraite à Keuver, Hollande, nous signale le cas d'un de ses amis, lieutenant-colonel de marine, qui souffrait beaucoup de rhumatismes. En se couchant le soir, il mettait près de lui un pigeon renfermé dans une cage, et il se sentait soulagé, tandis que l'oiseau était agité par des convulsions.

10. — Dans les importants résultats thérapeutiques obtenus par l'*équitation*, on a générale-

ment méconnu ou négligé les influences *biologiques*, qui s'ajoutent toujours aux bons effets des *secousses* imprimées à tout le corps du cavalier.

Un médecin de New-York exprime ainsi cette action magnétique du cheval sur le cavalier.

« Le cheval est une véritable pile pour la production d'électricité animale. Les vapeurs de ses naseaux et celles de son corps, sont chargées de magnétisme vivant. L'homme à cheval se trouve enveloppé dans une atmosphère de magnétisme vital que son corps affaibli absorbe, comme la terre desséchée absorbe la pluie du soir. »

Ce texte est accompagné d'un curieux dessin représentant un cavalier sur un cheval au galop, au milieu d'un rayonnement semblable à un feu d'artifice.

Les sujets trop faibles pour supporter les mouvements du cheval, pourraient recourir à des *contacts* plus ou moins prolongés, jusqu'à la production d'une sensation de chaleur agréable et tonifiante.

11. — La *Nouvelle Gazette* de Zurich, parle en ces termes d'une autre branche de Zoothérapie.

Ayant observé que les paysans blessés ou souffrants font *lécher* par des chiens la blessure ou la partie douloureuse, un médecin américain fit des expériences sur les propriétés thérapeutiques de *la langue des chiens*, et en obtint des résultats si favorables, qu'il forma le projet de fonder, près de Zurich, un établissement dans lequel des chiens de différentes races seraient employés au traitement des blessures et des diverses maladies. « Ces *bains de langue*, comme les appelle ce médecin, ont déjà produit de très bons résultats, et il espère que ces cures nouvelles deviendront à la mode dans les stations médicales. »

Le terrain de la *zoothérapie* est glissant, et *l'imagination* des malades, ajoutée aux exploitations des *charlatans*, ont singulièrement élargi le champ de cette médication. Le Dr Barnaud en cite de nombreux exemples, tels que « du sang de crapaud ; de la poudre de taupe et de vipère ; des poux contre la jaunisse ; de la salive d'un homme à jeun contre le venin des serpents ; des frictions générales de fiente de vache ; l'enfouissement dans un tas de fumier ; des ongles et des cheveux brulés contre la goutte etc. etc. »

Abandonnant aux sots et aux empiriques ces extravagances plus ou moins dangereuses, restons sur le terrain de la *zoothérapie scientifique* et expérimentale, et ne mêlons pas l'usage *interne* à l'usage *externe*. Laissons les adorateurs de la routine médicale chercher la vie dans la mort, dévorer des viandes crues, boire du sang chaud aux abattoirs, et demander à la chimie des mixtures animales, et des consommés merveilleux.

Calino dévorait ses enfants par dévouement, pour leur conserver un père, et les membres de la *Société protectrice des animaux* les mettent a la broche par humanité, pour leur conserver des *protecteurs*. Au lieu de porter autant d'intérêt à leurs cadavres, qui les empoisonnent lentement avec leur *créatine*, leur *cholestérine* et leurs produits *de dénutrition*, ils agiraient beaucoup plus moralement et plus hygiéniquement en les traitant comme des frères inférieurs, et en appelant leur riche vitalité au secours de leurs défaillances organiques.

Plus dévoués et plus généreux que nos frères en Adam, ces frères zoologiques ne reculent ni devant la douleur ni devant la mort pour se charger de nos infirmités et pour nous sauver la vie. Et nous les récompensons de tous ces services par l'abandon, les traitements cruels, le tourne-broche et l'abattoir !

Faisons des vœux pour que la vulgarisation de la *zoothérapie* rende l'espèce humaine moins ingrate en multipliant ses victoires sur les maladies.

Par les longues considérations qui précèdent, nous voyons que les animaux exercent une influence bien évidente dans le milieu qui les environne ; et que chez les animaux domestiques, cette influence est assez puissante pour être curative.

Mais, si nous nous reportons à ce que nous savons du magnétisme humain et des lois générales qui régissent ses actions, nous voyons que, dans e travail de M. Raoux, l'action des animaux n'a été employée que d'une façon empirique. Tout porte à admettre que si les observateurs avaient suivi une méthode raisonnée, ils auraient encore obtenu des résultats bien meilleurs. La vie de l'homme et des animaux est soumise à des lois physiologiques identiques ; et comme le corps de l'homme est polarisé, il est infiniment probable que celui des animaux l'est également. C'est ce que nous allons vérifier avec de bons sensitifs.

§ I — Polarité des animaux vivants.

Un certain nombre de personnes ne peuvent monter à cheval sans éprouver des battements de cœur, des maux de tête, de l'agacement et des malaises divers. A quelle cause peuvent se rattacher ces effets, surtout quand on aime le cheval et qu'on serait heureux de faire de l'équitation ? Nous en aurons bientôt la raison.

I. — Qu'un bon sensitif place devant lui, soit sur ses genoux, soit sur une table, un petit chien, un agneau, un chevreau, un chat, un lapin, de telle façon que l'animal lui tourne le derrière. Dans cette position, s'il prend les pattes de l'animal dans ses mains, soit celles de devant, soit celles de derrière, en position isonome, c'est-à-dire la patte droite dans la main droite, la gauche dans la gauche, il ne tarde pas à éprouver de la chaleur et du malaise ; l'activité organique augmente, la tête s'alourdit, le cœur bat plus fort des contractions bientôt suivies de contracture se manifestent dans les bras, et il s'endort en passant par tous les états du sommeil magnétique.

Dans cet état, si on retourne l'animal et que le sujet le prenne par les pattes de devant, en position hétéronome, c'est-à-dire la patte droite dans la main gauche, la gauche dans la droite, il se réveille en repassant par les mêmes états ; et, revenu à son état normal, si on continue l'expérience, une sensation de fraîcheur agréable se fait sentir, l'activité organique diminue et la paralysie survient.

II. — Avec un animal de grande taille : un chameau, un cheval, un bœuf, une vache, un âne, on observe des effet analogues. L'animal et le sujet étant debout, si celui-ci appuie son flanc droit contre le même flanc de l'animal, il éprouve de la chaleur, du malaise et s'endort ; s'il y présente le flanc gauche, il éprouve au contraire de la fraîcheur agréable, et ce contact prolongé détermine une diminution de l'activité organique qui peut aller jusqu'à la paralysie. Des effets inverses se produisent sur l'autre flanc de l'animal dans les mêmes conditions d'expérimentation.

Les effets sont à peu près les mêmes si le sujet, au lieu d'appliquer son flanc sur celui de l'animal, y applique seulement les mains. Ils sont encore les mêmes sur les différentes parties du corps.

Ces deux séries d'expériences nous montrent que les animaux sont polarisés comme nous le sommes, qu'ils agissent magnétiquement sur le sujet, et que leur action est soumise aux lois qui régissent les actions du magnétisme humain (V. le chap. IV du t. I).

Continuons les expériences.

III. — Que le sujet monte sur un cheval, sur un âne ou même sur tout autre animal, à la façon ordinaire du cavalier, il éprouve bientôt une chaleur désagréable accompagnée de lourdeur de tête et de battements de cœur ; l'activité organique augmente, surtout dans les jambes qui, agitées par des mouvements nerveux, ne tardent pas à se contracturer sur les flancs de l'animal ; puis il s'endort, en passant par tous les états du sommeil magnétique. Si le sujet monte sur l'animal en sens inverse, c'est-à-dire en regardant le derrière au lieu de regarder la tête, il éprouve une sensation de fraîcheur agréable ; mais bientôt l'activité organique diminue et la paralysie se déclare.

Nous trouvons donc là, la raison qui fait que certaines personnes ne peuvent pas monter à cheval: L'animal agit magnétiquement sur le cavalier ; et comme les jambes de celui-ci se trouvent en position isonome avec les flancs de sa monture, il en résulte, pour tous ceux qui sont tant soit peu sensitifs, une excitation, un agacement, un malaise qui ne peut être supporté longtemps.

IV. — Comme toutes les actions magnétiques, l'action des animaux se transmet à distance. Pour nous en assurer, choisissons un animal assez docile et enroulons l'extrémité d'un fil métallique autour de chacune des pattes antérieures, pendant que l'autre extrémité des fils conduira l'action dans une pièce éloignée. Là, si le sujet tient l'extrémité libre des fils en position isonome, c'est-à-dire le fil de la patte droite dans la main droite, et celui de la patte gauche dans la main gauche, il éprouve de la chaleur, se contracture et s'endort. S'il les tient en position hétéronome, il éprouve au contraire de la fraîcheur et se paralyse.

V.— Si on dépose l'extrémité libre des deux fils de l'expérience précédente dans deux verres d'eau, et qu'au bout de 7 à 8 minutes on donne l'eau à déguster au sensitif, il trouve celle du verre de la patte droite acidulée, fraiche, agréable, et il la boit avec satisfaction ; tandis que celle de la patte gauche est alcaline, tiède, fade, désagréable. L'eau du premier verre est donc magnétisée positivement ; celle du second, négativement.

On peut reproduire avec les animaux toutes les expériences citées dans les chapitres précédents, comme dans ceux qui vont suivre ; il est donc inutile de m'attarder à les décrire. En conséquence, je me borne à affirmer que chez tous les individus appartenant au règne animal — quadrupèdes ou quadrumanes, reptiles, oiseaux, poissons, crustacés, insectes —, on observe la même action, action qui ne peut être déterminée que par l'agent magnétique vibrant en eux, puisque les effets sont diamétralement opposés sur les deux côtés du corps des sujets qui nous servent de *réactifs*.

Si, en zoothérapie, on obtient déjà d'excellents résultats en appliquant au hasard les animaux sur les parties affectées, il est évident que ces résultats seraient bien meilleurs encore si on les appliquait selon les lois de la polarité, soit pour calmer, soit pour exciter, selon les besoins.

§ II. — Polarité des animaux morts

Nous venons de reconnaître la présence de l'agent magnétique chez les animaux vivants, comme nous l'avons observée chez l'homme. En cherchant à nous rendre compte si le principe vital de celui-ci n'a pas quelque chose de commun avec l'agent magnétique, nous avons fait des expériences avec le squelette humain (§ VIII du ch. IV) et constaté que les deux principes diffèrent essentiellement l'un de l'autre. Chez les animaux morts, il est encore plus facile de vérifier cette vérité. D'autre part, dans les campagnes, les *bonnes femmes* prescrivent souvent de couper en deux un pigeon vivant et d'appliquer les chairs palpitants sur le siège de certaines douleurs, et beaucoup de personnes attribuent une puissance curative considérable à cette médication. Que peut-il y avoir de vrai dans cette croyance? — Serait-ce l'action vitale non encore éteinte ou l'action magnétique qui se transmet? — Serait-ce les deux actions réunies? Sans chercher à résoudre cette question qui me paraît fort importante, examinons-là sous son aspect magnétique.

I. — Prenons un poulet prêt à mettre à la broche, plaçons-le sur une table comme l'animal vivant de la 1re exp. du § précédent, et prions le sujet d'appliquer ses mains sur les côtés de l'animal, ou simplement de les approcher à une distance de quelques centimètres. Si les mains se trouvent en position isonome avec l'animal, le sujet éprouve de la chaleur et de la répulsion; l'activité organique augmente, et l'on observe bientôt de la contracture. Si elles se trouvent en position hétéronome, c'est au contraire de la fraîcheur et de l'attraction; mais bientôt l'activité organique diminue et la paralysie survient.

II. — Prenons une épaule de chevreuil, un cuissot de sanglier, un gigot de mouton, un pied de veau ou de cochon; et que le sujet applique ses mains à chaque extrémité, soit en contact, soit à distance. Ceux qui ne connaissent rien des effets du magnétisme seront très surpris de constater que cette pièce de victuaille exerce à chaque extrémité une action opposée sur la même main. Elle est polarisée. Si l'épaule, le cuissot, le gigot, le pied, appartient au côté droit de l'animal (qui est positif), la partie inférieure a pris la modalité positive et la partie supérieure la négative. Si ces pièces appartiennent au côté gauche, elles sont polarisées d'une façon opposée : c'est la partie inférieure qui est négative, tandis que la supérieure est positive.

Il en est de même de tous les organes et de toutes les parties du corps de l'animal — qui exercent ainsi des actions analogues à celles que nous avons observées avec les différentes parties du squelette humain.

L'action magnétique que les corps organisés excercent ou peuvent exercer les uns sur les autres ne s'éteint donc pas avec la vie; et les chairs palpitantes que la médecine des bonnes femmes appliquent quelquefois contre la douleur ne doivent pas toujours demeurer sans effet.

III. — Après avoir fait rôtir une pièce des expériences précédentes, disons le poulet, à table, la serviette sous le menton, faisons encore une série d'expériences. Avant de la découper, nous pouvons déjà constater qu'il n'a rien ou presque rien perdu de l'action magnétique qu'il exerçait avant la cuisson. Découpons-le, nous constaterons, comme dans l'expérience précédente, que chaque morceau provenant du côté droit est positif vers les parties inférieures, négatives vers les supérieures; c'est l'inverse pour les morceaux du côté gauche.

On peut séparer les muscles, les nerfs, les vaisseaux, les os, les sectionner tant qu'on voudra, et un sujet très sensitif reconnaîtra toujours que chaque fragment est polarisé.

Au point de vue magnétique, le corps des animaux, comme celui de l'homme, se comporte donc identiquement comme un aimant que l'on brise, et dont chaque fragment, chaque miette, devient un aimant complet, ayant sa ligne neutre et ses pôles opposes.

La cuisson n'a donc pas détruit l'agent magnétique; et tout me porte à croire que le temps ne le détruit pas davantage. J'ai conservé des fémurs de poulet qui ont servi à mes premières expériences, il y a une douzaine d'années; et aujourd'hui, leur action est aussi énergique que le premier jour.

IV. — Si le temps et la cuisson n'affaiblissent pas sensiblement l'action magnétique, voyons si on peut la détruire par un autre moyen. Brûlons une partie quelconque d'un animal, une cuisse de poulet, par exemple, et recueillons séparément les cendres et les charbons de chaque extrémité. Une fois encore, nous constatons que le feu n'a pas anéanti l'agent magnétique, car les résidus de la carbonisation exercent sur le sujet des actions analogues à celle que le morceau pouvait exercer avant la destruction. Les cendres d'une extrémité sont positives, celles de l'autre sont négatives.

Le mouvement vibratoire qui constitue le magnétisme chez les êtres vivants, ne disparait donc pas, ne se transforme pas en d'autres mouvements sous l'action du temps, ni même sous celle du feu.

V. — La fourrure de certains animaux est très recherchée, non seulement pour nous préserver du froid, mais aussi pour nous préserver des rhumatismes : celle du chat sauvage est dans ce cas.

Y aurait-il dans l'action de ces fourrures une action différente de celle qui consiste à nous préserver du froid ? Les expériences précédentes le laissent à penser. Vérifions cette supposition :

Prenons pour cela une peau de mouton, de chat, de renard ou de tout autre animal, et appliquons-là, soit à l'envers, soit à l'endroit, sur le dos ou la poitrine d'un bon sensitif, en observant que la partie qui recouvrait la partie antérieure du corps de l'animal, soit dirigée vers la tête du sujet, et prions celui-ci d'observer ses sensations. Eh bien ! l'action magnétique ne tardera pas à se faire sentir. Si la peau est appliquée en position isonome sur le sujet, celui-ci éprouve de la chaleur accompagnée d'un certain malaise, l'activité organique augmente, et le sujet s'endort lentement en passant, comme toujours, par tous les états du sommeil magnétique. Si au contraire l'application est faite en position hétéronome, le sujet ressent une fraicheur très agréable, mais bientôt l'activité organique diminue et la paralysie survient.

L'action magnétique n'a pas disparu de la peau de l'animal, pas plus que des tissus osseux, nerveux ou musculaires, et la fourrure du chat sauvage est donc susceptible d'exercer une action qui, évidemment, est indépendante de l'action préservatrice du froid qu'on lui attribue.

On peut maintenant comprendre toute la valeur de la *zoothérapie*, et escompter à l'avance les services que cette branche de la *médecine magnétique* pourrait rendre à l'humanité si elle était universellement connue. J'espère que cet ouvrage y contribuera dans une certaine mesure.

Traité expérimental de Magnétisme. *Physique magnétique.* Cours professés à l'*École pratique de Magnétisme et de Massage,* par H. Durville. Deux volumes reliés, avec portrait, signature autographe de l'auteur et 56 figures dans le texte. Prix de chaque volume : 3 fr., à la *Librairie du Magnétisme,* 23, rue Saint-Merri, Paris.

TABLE DES MATIÈRES DU 1er VOLUME

Table des matières du 2e volume

LIBRAIRIE DU MAGNÉTISME

(Extrait du catalogue)

MAGNÉTISME ET HYPNOTISME

AFFAIRE GOUFFÉ. — *Procès Eyraud-Bompard*, d'après le compte-rendu in-extenso de la *Gazette des Tribunaux*. 75 cent.; par la poste, 1 fr.

Intéressant pour les théories hypnotiques exposées à la barre du Tribunal, par M. Liegeois, représentant l'école de Nancy, et les médecins ayant examiné l'état mental de l'accusée, représentant l'école de la Salpêtrière.

L'ABBÉ ALMIGNANA. — *Du Somnambulisme*, des tables tournantes et des médiums. . 40 cent.

Petite brochure qui intéresse plus particulièrement les spirites.

* ARCHAMBAUD. — *Traitement des affections de l'épaule par le massage*. . . . . 3 fr.

Ouvrage spécial d'un jeune médecin qui applique le massage dans sa pratique.

AZAM. — *Hypnotisme et double conscience*. Origine de leur étude et divers travaux sur des sujets analogues, avec Préface et lettres de P. Bert, Charcot et Ribot. . . . . 9 fr.

— *Hypnotisme, double conscience* et altérations de la personnalité, avec fig. . . . . 3 fr. 50

Documents intéressants sur les origines de l'hypnotisme, et plus particulièrement sur le dédoublement de la personnalité observé par l'auteur, un médecin distingué, professeur à la faculté de médecine de Bordeaux.

* BARADUC. — *Observations sur le Magnétisme. Electro-Magnétisme* . . . . 50 cent.

— *La Force vitale*. Notre corps vital fluidique, sa formule biométrique, avec fig. . . . 4 fr.

Importants ouvrages d'un médecin, dont les dernier intéresse particulièrement le médecins.

BARÉTY. — *Le Magnétisme animal*, étudié, sous le nom de force neurique rayonnante, dans ses propriétés physiques, physiologiques et thérapeutiques, avec 82 fig. . . . . 14 fr.

Volumineux ouvrage d'un médecin que le hasard a rendu magnétiseur. Il contient quelques observations nouvelles sur les propriétés physiques de l'agent magnétique. Un grand nombre d'expériences sur l'action physiologique et thérapeutique de cet agent sont rapportées avec force détails. Bon à lire et à consulter.

T. BARTHELEMY. — *Étude sur le dermographisme*, ou dermo-neurose toxivasomotrice, avec 17 planches hors texte. . . . . 7 fr. 50

Etude sérieuse d'un médecin, la plus complète qui ait paru sur cette question des *stigmates* ou *marques du diable*, observés si souvent, surtout chez les hystériques, sans être expliqués.

*BAYONNE. — *De l'Ignium, ou Magnétisme animal*. . . . . 3 fr.

La physiologie et l'action de certaines substances sont traitées autant que le magnétisme humain. C'est l'œuvre d'un médecin, qui s'adresse surtout aux médecins.

BEAUNIS. — *Le Somnambulisme provoqué*. Etudes physiologiques et psychologiques, avec fig. . . . . 3 fr. 50

Bon ouvrage de l'un des maîtres de l'école hypnotique de Nancy.

BERNHEIM. — *De la Suggestion et de ses applications thérapeutiques*, avec fig. . . . . 6 fr.

— *Hypnotisme, suggestion, psychothérapie*. Etudes nouvelles . . . . 9 fr.

Volumineux ouvrages de l'un des maîtres de l'école hypnotique de Nancy.

BOURRU et BUROT. — *La Suggestion mentale*

et l'action à distance des substances toxiques et médicamenteuses, avec 10 planches . . . 3 fr. 50

— *Variations de la personnalité*, avec 14 planches . . . . 3 fr. 50

Curieux ouvrages de deux médecins, professeurs à la Faculté de médecine de Rochefort.

BINET. — *Psychologie du Raisonnement*. Recherches expérimentales par l'hypnotisme . 2 fr. 50

Excellent ouvrage de psychologie dont les conclusions sont tirées des expériences que l'auteur, un médecin distingué, a faites sur le magnétisme et l'hypnotisme.

* BONJEAN. — *L'Hypnotisme*. Ses rapports avec le droit, la thérapeutique, la suggestion mentale . . . . 3 fr.

Ouvrage d'un avocat belge, traitant surtout de la pratique du magnétisme et de l'hypnotisme devant la loi.

BRIERRE DE BOISMONT. — *Des Hallucinations*, ou Histoire raisonnée des apparitions, des visions, des songes, de l'extase, du magnétisme et du somnambulisme. 3e édit. . . . . . 7 fr.

Le titre indique assez la nature de l'ouvrage. On y trouve de très bonnes observations sur le magnétisme et le somnambulisme.

* A. BUÉ. — *Le Magnétisme curatif*, 2 vol.

* I. — *Manuel technique* . . . . . . 2 fr.

* II. — *Psycho-physiologie*. . . . . . . 3 fr.

Excellents ouvrages. Le premier expose la pratique magnétique; le second traite plus spécialement des diverses théories.

CAHAGNET. — *Thérapeutique du Magnétisme et du somnambulisme* . . . . 5 fr.

— *Magie magnétique*, ou Traité historique et pratique de fascinations, miroirs cabalistiques, apports, suspensions, talismans, possessions, envoûtements, sortilèges, etc. 3e édition. . . . 7 fr.

— *Guide du Magnétiseur*, ou Procédés magnétiques, d'après Mesmer, de Puységur et Deleuze, mis à la portée de tout le monde. . . . 1 fr.

— *Sanctuaire du spiritualisme.* — Etude de l'âme humaine et de ses rapports avec l'univers, d'après le somnambulisme et l'extase. . . 5 fr.

— *Méditations d'un penseur*, ou Mélanges de philosophie et de spiritualisme, d'appréciations, d'aspirations et de déceptions, 2 vol . . 10 fr.

— *Encyclopédie magnétique et spiritualiste.* Traité de faits physiologiqnes; magie magnétique, swedenborgianisme, nécromancie, magie céleste, 7 vol. . . . . 28 fr.

Cahagnet fut un grand penseur, un véritable apôtre qui a beaucoup écrit; mais il n'a pas assez pratiqué le magnétisme pour que ses ouvrages soient considérés comme des manuels d'enseignement pratique. Malgré cela, tous ses ouvrages, qui constituent un véritable enseignement philosophique, sont bons à lire et à conserver.

Ed. CAVAILHON. — *La Fascination magnétique*, avec préface de Donato . . . . . . 3 fr. 50

Ouvrage intéressant, qui est surtout consacré à la démonstration des exqériences de Donato.

J. de CAZENEUVE. — *Les Grands hommes caractérisés par leurs noms* (Lamartine, Flammarion, V. Hugo, le baron du Potet), avec appendice sur le magnétisme. . . . . 3 fr.

Œuvre d'un magnétiste convaincu, qui voit dans les noms une relation intime avec le caractère et l'aptitude des individus. Ouvrage très curieux, que tous les partisans du magnétisme et de l'occultisme devraient posséder.

CHARCOT. — *Œuvres complètes*, tome IX : Hémorragie et ramollissement du cerveau, métallothérapie et hypnotisme, électrothérapie, avec 34 fig. dans le texte et 13 planches . . . 15 fr.

La théorie du maître de l'hypnotisme, résumée dans cet ouvrage, montre bien que l'hypnotisme n'est que le magnétisme défiguré.

* CHEVILLARD. — *Études expérimentales sur certains phénomènes nerveux, et solution rationnelle du problème dit spirite.* 4e édit., revue, corrigée et précédée d'un aperçu sur le Magnétisme. . 2 fr.

L'auteur cherche à démontrer que le plus grand nombre des phénomènes spirites ne sont dûs qu'au magnétisme.

CULLERRE. — *Magnétisme et hypnotisme.* — Exposé des phénomènes observés pendant le sommeil nerveux provoqué, avec 36 fig. 3 fr. 50

— *La thérapeutique suggestive* et ses applications aux maladies nerveuses et mentales. 3 fr. 50

Ouvrages d'un médecin, où sont exposées les théories du magnétisme confondues avec celles de l'hypnotisme.

* DAVID. — *Magnétisme animal,* suggestion hypnotique et post-hypnotique. . . . 2 fr. 50

On y trouve plusieurs expériences très curieuses et assez importantes.

A. DEBAY. — *Les Mystères du sommeil et du magnétisme,* ou Physiologie anecdotique du somnambulisme naturel et magnétique; songes prophétiques, extases, visions, etc., 8e . . 3 fr.

Le succès de cet ouvrage, dû à la plume d'un médecin littérateur, indique assez sa valeur. C'est un livre rempli de faits intéressants relatifs à la prévision et à la lucidité somnambulique.

M. DECRESPE. — *Magnétisme, hypnotisme, somnambulisme,* avec figures, 20 cent., par la poste.. . . . . 30 cent.

*— *L'Extériorisation de la Force nerveuse et les travaux de M. de Narkiewicz Iodko,* avec son portrait photogravé. . . . . 1 fr.

*— *Recherches sur les conditions d'expérimenta-*

tion personnelle en physio-psychologie. 75 cent.

Excellents ouvrages d'un jeune chercheur qui est aussi éclairé que consciencieux. Le premier est un petit traité où la théorie de la polarité est fort bien exposée ; le second explique les travaux du savant russe qui ont émerveillé le monde savant ; le dernier, plus spécial, étudie les conditions que tout expérimentateur doit remplir pour devenir un Maître praticien.

* DELBŒUF. — *L'Hypnotisme*, et la liberté des réunions publiques. . . . . 2 fr.

— *Le Magnétisme animal*, à propos d'une visite à l'Ecole de la Salpétrière. . . . . 2 fr. 50

L'auteur, un apôtre convaincu du magnétisme et de l'hypnotisme, voudrait la liberté entière des représentations publiques et de la pratique du magnétisme curatif.

* DIGBY. — *Discovrs fait en vne celèbre Assemblée*, par le Chevalier **Digby**, touchant la *Guérison des Playes par la poudre de sympathie*. Edit. de 1666, reproduite par G. Demarest. . . 3 fr.

Dans cet ouvrage, on trouve exposé de la théorie des guérisons obtenues par la poudre de sympathie du chevalier Dygby, qui fit tant de bruit au XVIIe siècle. Très important pour ceux qui s'intéressent aux origines du magnétisme thérapeutique.

DURAND (DE GROS). — *Le Merveilleux scientifique*. . . . . 6 fr.

— *Cours théorique et pratique de Braidisme*, ou Hypnotisme nerveux, considéré dans ses rapports avec la psychologie, la physiologie, la pathologie, et dans ses applications à la médecine, à la chirurgie, à la physiologie expérimentale, à la médecine légale et à l'éducation. . . . . . 3 fr. 50

L'auteur est un des précurseurs de l'hypnotisme, et ses ouvrages, remplis de documents, sont curieux à plus d'un titre. Le dernier a été publié sous le pseudonyme de Philips.

FÉRÉ et BINET. — *Le Magnétisme animal*, avec fig., relié . . . . 6 fr.

Bon ouvrage, exposant surtout la méthode hypnotique de la Salpêtrière.

FONTAN et SEGARD. — *Eléments de médecine suggestive*. Hypnotisme et suggestion. Faits cliniques. . . . . 4 fr.

Le titre de cet ouvrage, dû à la plume de deux médecins, indique assez ce qu'il contient.

* FOVEAU DE COURMELLES.—*Le Magnétisme devant la loi*. . . . . 1 fr.

*— *L'Hypnotisme*, avec 43 fig . . . . . 3 fr.

Ouvrages d'un jeune médecin très apprécié. L'*Hypnotisme* est une très bonne œuvre de vulgarisation, où toutes les méthodes magnético-hypnotiques sont exposées.

GARCIN. — *Le Magnétisme expliqué par lui-même*, nouvelle théorie des phénomènes du magnétisme comparés aux phénomènes de l'état ordinaire . . . . 4 fr.

Ouvrage ancien, qui n'a pas été apprécié à sa juste valeur. Très bon à consulter.

A. GAUTHIER. — *Histoire du Somnambulisme*, connu chez tous les peuples de l'antiquité sous les noms divers d'extase, songes, oracles, visions. Examen des doctrines de l'antiquité et des temps modernes, sur ses causes, ses effets, ses abus, ses avantages et l'utilité de son concours avec la médecine. 2 vol . . . . 10 fr.

Travail de très haute érudition, le plus complet et le plus remarquable qui ait paru sur la question si controversée du somnambulisme lucide.

* J. GÉRARD. — *Mémoire sur l'état actuel du gnétisme* . . . . 1 fr.

L'auteur, devenu un médecin distingué, est un vétéran du magnétisme. Son mémoire, très bien écrit, mérite d'être lu.

GÉRARD. — *Guide de l'hypnotiseur*, illustré par A. Le Roy. . . . . 3 fr. 50

Très bon ouvrage à recommander aux amateurs de magnétisme théâtral. Le mécanisme de toutes les expériences que l'on a vues dans les séances publiques est clairement expliqué.

GOYARD. — Le Magnétisme contemporain et la médecine pratique. . . . . 1 fr. 25

Excellent petit ouvrage d'un médecin qui reconnaît au magnétisme de très grandes propriétés curatives, et qui voudrait le voir définitivement accepté par la médecine classique.

* HUGUET. — *Mémoire sur le Magnétisme curatif* . . . . 1 fr.

Petit ouvrage d'un médecin, qui cite quelques guérisons extraordinaires obtenues dans sa pratique. Devrait être entre les mains de tous les médecins et de tous les malades.

ROUXEL. — *Rapports du Magnétisme et du Spiritisme*. . . . . 5 fr.

*—*Histoire et Philosophie du Magnétisme*. 2 vol. illustrés de nombreuses figures. Reliés.

* I. — *Chez les anciens* . . . . 3 fr.

* II. — *Chez les modernes* . . . . 3 fr.

Excellents ouvrages, traitant surtout de l'histoire du magnétisme et de ses rapports avec le spiritisme. L'auteur y démontre que toutes les théories hypnotiques étaient connues des disciples de Mesmer dès la fin du siècle dernier. Le dernier est le Cours professé par l'auteur à l'*Ecole pratique de Magnétisme et de Massage*.

SPIRITISME, TÉLÉPATHIE

* CAMPET DE SAUJON. — *L'Idée, la Vie, la Survivance* . . . . 2 fr.

ERNY. — *Le Psychisme expérimental*. Etude des phénomènes psychiques. . . . . . . 3 fr. 50

* FUGAIRON. — *Essai sur les phénomènes électriques des êtres vivants.* Explication scientifique des phénomènes spirites. . . . . . 2 fr. 50

* P. GRENDEL. — *Esprit ancien, Esp. nouv.* 1 f. 25

* METZGER. — *Médiums et Groupes*, spiritisme et hypnotisme . . . . 50 cent.

* — *Essai de Spiritisme scientifique* . . 2 fr. 50

A.-R. WALLACE. — *Les Miracles et le moderne spiritualisme*, avec portrait de l'auteur. . 5 fr.

OCCULTISME

(Astrologie, Alchimie, Chiromancie, Graphologie, Phrénologie, Théosophie, etc.)

ARUSS. — *La Graphologie simplifiée.* Art de connaître le caractère par l'écriture. Théorie et pratique . . . . 3 fr. 50

* R. BACON. — *Lettre sur les Prodiges de la nature et de l'art*, avec portrait de l'auteur, traduite et commentée par A. Poisson. . 75 cent.

* BARLET. — *Essai sur l'évolution de l'idée.* 3 fr. 50

* — *Instruction intégrale.* Instruction primaire, avec tableaux. . . . . 4 fr.

* — *Université libre des Hautes-Etudes.* 75 cent.

* — *Principes de sociologie synthetique* . 1 fr.

* BARLET et LEJAY. — *Synthèse de l'esthétique*, la Peinture . . . . 1 fr. 25

ANNIE BESANT. — *Pourquoi je devins théosophe* 1 50

H. P. BLAVATSKY. — *La Clef de la théosophie*, traduit de l'anglais, par Mme DE NEUFVILLE. 3 fr. 50

* J. BOIS. — *Les Noces de Sathan*, drame ésotérique, avec dessin de H. Colas . . . . . . 2 fr.

— *La Porte héroïque du Ciel* . . . . . . 3 fr.

— *Le Satanisme et la Magie*, avec une étude de

Huysmans et illustrations de **Malvost**. . . . 8 fr.

*E. BOSC. — *Adda-Nari*, ou l'Occultisme dans l'Inde antique. . . . . 4 fr.

* — *La Psychologie devant la science et les savants*. Od et fluide odique, polarité humaine, magnétisme, etc. . . . . 3 fr. 50

* — *Traité théorique et pratique du Haschich et autres substances psychiques*. . . . . . . 3 fr.

* — *La Chiromancie médicinale*, suivie d'un Traité sur la Physiognomonie, d'un autre sur les Marques des ongles, avec un Avant-propos et une Chiromancie synthétique, avec fig . . . . 3 fr.

*—*Dictionnaire d'Orientalisme, d'Occultisme et Psychologie*, 2 vol. illu., avec port. de l'aut. 12 fr.

* J. G. BOURGEAT. — *Magie*. Exotérisme Esésotérisme ; l'homme, l'univers ; Dieu et le démon ; le plan astral ; la mort, ses mystères ; l'au-delà ; les sorciers, l'envoûtement ; moyen facile de prophétiser les événements, etc., etc . . . . . 2 fr

* BULWER-LYTTON. — *La Maison hantée*. 2 fr.

* H. CHATEAU. — *Le Zohar* (Kabballa denudata). Traduction française de —, avec *Lettre-préface de* Papus . . . . 5 fr.

* DECRESPE. — *On peut envoûter*. — Lettre au maitre Papus . . . . 50 cent.

* — *La Matière des Œuvres magiques*. 1 fr.

* — *Les Microbes de l'Astral*. Principes de physique occulte . . . . 1 fr. 50

* *La Science occulte et le Phénomène psychique*. 75 cent.

* H. DUBÈCHOT. — *L'Orientation* . . . . 1 fr.

* — *La Loi* . . . . 1 fr. 50

H. DELAAGE. — *La science du vrai*, ou les mystères de la vie, de l'amour, de l'éternité et de la religion révélés. . . . . 3 fr.

DESBAROLLES. — *Les Révélations complètes*. Suite des Mystères de la main, avec 500 fig. 15 fr.

* JOLLIVET-CASTELOT. — *La Vie et l'Ame de la Matière.* Essai de physiologie chimique. Études de dynamochimie . . . . 3 fr. 50

* — *L'Alchimie* . . . . 1 fr.

* — *L'Hylozoïsme, l'Alchimie, les Chimistes unitaires* . . . . 1 fr.

* De LARMANDIE. — *Eôraka.* Notes sur l'ésotérisme . . . . 3 fr. 50

* M. LARGERIS. — *Les Effluves.* Voix des sens, voix de l'Esprit. Union avec l'être. . . . . 3 fr.

A. LAURENT. — *La Magie et la Divination chez les Chaldeo-Assyriens.* . . . . 3 fr.

J. LERMINA. — *Magie pratique.* Révélation des mystères de la vie et de la mort . 3 fr. 50

* — *Ventre et Cerveau* . . . . 50 cent.

— *Elixir de vie.* Conte magique. . . . . 4 fr.

* LA LUMIERE D'EGYPTE. ou la Science des astres et de l'âme . . . . 7 fr. 50

* L. MAYOU. — *Le Secret des pyramides de Memphis* . . . . 1 fr. 50

* E. MICHELET. — L'*Esotérisme dans l'art.* 1 fr.

L. OLIPHANT. — *Sympneumata*, ou la Nouvelle force vitale . . . . 3 fr. 50

PAPUS. — *Le Tarot des Bohémiens*, avec 260 fig., tableaux explicatifs et 8 pl. hors texte. . . . 9 fr.

* — *Peut-on envoûter?* avec 1 fig. . . . . 1 fr.

* — *L'Etat de trouble* et l'Evolution posthume de l'être humain, avec 10 fig. . . . . . . 50 cent.

* — *Le Diable et l'Occultisme.* Réponse aux publications sataniques . . . . 1 fr.

— *Traité méthodique de Science occulte*, avec préface de A. Franck, de l'Institut, illustré de 400 tableaux et gravures, avec 2 planches hors texte, suivi d'un glossaire de la Science occulte et d'un Dictionnaire des termes et auteurs cités. 16 fr.

* — *Traité élémentaire de Magie pratique.* Adaptation, Réalisation, Théorie de la Magie, avec

Appendice sur l'Histoire et la Bibliographie de l'Évocation magique, etc., etc. avec 158 fig. 12 fr.

* *Martines de Pasqually.* Sa vie, ses pratiques magiques, son œuvre, ses disciples, suivi du catéchisme des élus Coens, d'après des documents inédits . . . . 4 fr.

*— *La Science des Mages* et ses applications théoriques et pratiques . . . . 50 cent.

* *Anarchie, Indolence et Synarchie*, les lois physiologiques sociales et l'ésotérisme. . 1 fr.

* — *Almanach du magiste*, pour 1894-95, avec portraits et figures . . . . 2 fr.

*— *Almanach du magiste* pour 1895-96. 50 c.

* — *Idem*, pour 1896-97. . . . . . . 50 cent.

*— *Les Arts divinatoires.* Graphologie, chiromancie, astrologie, etc. . . . . 1 fr.

* Dr PASCAL. — *Les Sept principes de l'homme*, ou la Constitution occulte d'après la théosophie. . . . . 2 fr.

*J. PELADAN.—*Comment on devient mage*, avec un portrait pittoresque de l'auteur. . . . 7 fr. 50

*— *Comment on devient fée*, avec un portrait du Sar en héliogravure. . . . . 7 fr. 50

*— *Comment on devient artiste*, avec un portrait inédit du Sar. . . . . 7 fr. 50

* — *L'Art idéaliste et mystique*, Doctrine de l'ordre et du salon de la Rose-Croix . . . . 3 fr. 50

POISSON. — *Cinq Traités d'Alchimie des plus grands philosophes*, relié . . . . 5 fr.

— *Histoire de l'Alchimie.—Nicolas Flamel*, sa vie, ses œuvres, ses fondations, avec portrait. 5 fr.

— *Théories et symboles des alchimistes.* Le Grand-Œuvre, suivi d'un essai de bibliographie alchimique au XIXe siècle, avec 15 planches représentant 42 fig . . . . 5 fr.

* RAGON. — *La Messe et ses Mystères* comparés aux mystères anciens. . . . . 6 fr.

* PAUL DE REGLA (Dr Desjardin).—*Jésus de Nazareth* au point de vue historique, scientifique et social, avec une jolie figure. . . . . . 8 fr.

* P.-C. REVEL. — *Lettre au docteur Dupré sur la Vie future au point de vue biologique.* Complément du sommaire des éditions de 1887, 1890, 1892, suivie de notes sur les Rêves et sur les Apparitions. Théorie et faits . . . . . . 60 cent.

J. DE RIOLS. — *Astrologie,* ou Art de tirer un horoscope, avec figures. . . . . 1 fr.

— *La Graphologie.* Traité complet de l'Art de connaître les défauts, les qualités, les passions, et le caractère des personnes par l'écriture. 1 fr.

— *Traité de Phrénologie,* ou Art de découvrir, par les protubérances du crâne, les qualités, défauts, vices, aptitudes, etc., des personnes, avec figures. . . . . 1 fr.

— *La Cartomancie,* avec figures. . . . 1 fr.

* P. SÉDIR. — *Les Tempéraments et la culture psychique,* d'après JACOB BŒHME. . . . . 1 fr.

* — *Le Messager céleste* . . . . 1 fr.

* — *Les Miroirs magiques.* Divination clairvoyance, évocation, consécrations, etc. . 1 fr.

SINNETT. — *Le Boudhisme ésotérique.* 3 fr. 50

* A SUIRE. — *Tableau phrénologique.* . 1 fr.

TIFFEREAU. — *L'Or et la Transmutation des métaux.* Paracelse et l'alchimie, relié. . . 5 fr.

* VALENTIN. — *Pistis-Sophia.* Ouvrage gnostique de Valentin, traduit du copte en français, avec une Introduction par É. AMELINEAU. 7 fr. 50

* J. VICERE. — *Le Prophète de l'Apocalypse.* Annonce du deuxième avènement social du Christ en esprit dans l'intelligence des peuples. 1 fr. 50

P. VIERZON. — *Les Présages de Bonheur et de Malheur.* Ce qu'il faut faire, ce qu'il faut éviter, ou l'art d'être heureux. . . . . . . 3 fr. 50

* VITOUX. — *Les Limites de l'Inconnu.* La Science et les sorciers. . . . . 1 fr.

* VURGEY. — *L'âme, les sept principes de l'homme et Dieu.* . . . . 1 fr. 50

DIVERS

(Hygiène, Médecine, Philosophie, etc.)

* ALAIZA-CHAMBON. — *Les Kardan.* Visions de Passé et d'Avenir . . . . 2 fr.

* — *Catéchisme naturaliste.* Essai de synthèse physique, vitale et religieuse. . . . . . 3 fr. 50

* — *Cybèle.* Voyage extraordinaire dans l'Avenir . . . . 3 fr. 50

A. D'ANGLEMONT. — *Le Fractionnement de l'Infini.* Synthèse de l'être. . . . . 6 fr.

— *Dieu et l'Etre universel.* Abrégé de « *Dieu dans la science et dans l'amour* » . . . . 3 fr. 50

— *Enseignement populaire de l'existence universelle.* . . . . 1 fr. 50

E. BLEMONT. — *Esthétique de la tradition* 3 fr. 50

* BOWDEN. — *Imitation du Boudha.* Maximes pour chaque jour de l'année . . . . . 3 fr. 50

* BRACPASNIAIS. — *La Macabélise,* avec 72 portraits de caractère d'après nature. . 3 fr.

D. BRAUNS. — *Traditions japonaises sur la chanson, la musique et la danse.* . . . . 3 fr. 50

BURQ. — *La Métallothérapie à Vichy,* contre le diabète. . . . . 1 fr.

* H. CARNOY. — *Les Contes d'animaux dans les Romans du renard.* . . . . 3 fr. 50

* CHOQUET. — *L'Éclairage électrique à la maison* . . . . 75 cent.
* — *Catalogue d'électricité*. . . . . 30 cent.
* — *Notice d'électricité* . . . . 20 cent.
* — *Faire son cidre comme son café* . 60 cent.
* H. CHRYSɛS. — *Nouveau langage symbolique des plantes*, avec leurs propriétés médicinales et occultes.. . . . . 75 cent.

Mme CORNELIE. — *A la Recherche du Vrai*. Mélanges littéraires et philosophiques (*poésies spirites*) . . . . 3 fr.

DECRESPE. — *Electricité*. (2 vol.), 40 cent., par la poste. . . . . 60 cent.

* DESJARDIN. — *Considérations générales et pratiques sur l'état de la médecine en l'an de grâce 1881*. . . . . 75 cent.
* DEGEORGE. — *L'Imprimerie en Europe aux XVe et XVIe siècles*. Les premières productions typographiques et les premiers imprimeurs. . . . . 1 fr 50
* G. FABIUS DE CHAMPVILLE. — *L'absinthe*, histoire vraie, en vers. . . . . 1 fr.
* ED. GACHOT. — *L'Honorable Monsieur Ducallet*. Roman de mœurs parlementaires, avec préface de G. **Montorgueil** . . . . 3 fr.
* J. GÉRARD. — *Le Livre des mères*. . . 1 fr.
* UN ESSÉNIEN. — *Le Portrait de Jeanne d'Arc* . . . . 30 cent.
* R. GIRARD et M. GARREDI. — *Les Messies esséniens et l'Eglise orthodoxe* . . . . 3 fr. 50
* L. GUÉNEAU. — *Etudes scientifiques sur « la Terre ». Evolution de la vie à sa surface*. Son passé, son présent, son avenir, par E. VAUCHEZ, abrégé par) . . . . 1 fr.
* HÉLION. — *Sociologie absolue*. Les principes, les lois, les faits, la politique et l'autorité. 3 fr.

* DE LAFONT. — Le *Buddhisme*, précédé d'un Essai sur le védisme et le brahamisme . . 4 fr.

* A LANG. — *Etudes traditionnistes* . 3 fr. 50

* J.-B. LECOMTE. — *Etudes et Recherches sur les phénomènes biologiques* et sur leurs conséquences philosophiques. . . . . 2 fr.

* G. ENCAUSSE (Papus). — *L'Anatomie philosophique et ses divisions.* Suivie d'une analyse détaillée de la *Mathèse* de Malfatti de Montereggio, avec 12 tableaux. . . . . 4 fr.

* — *Essai de physiologie synthétique*, avec fig. 4 fr.

* J. PELADAN. — *Théâtre complet de Wagner.* Les XI opéras par scène, avec notes biographiques et critiques. . . . . 3 fr. 50

* — *Babylone*, tragédie . . . . 5 fr.

* — *La Science, la Religion et la Conscience.* Réponse à MM. Berthelot, Brunetière, Poincaré, etc. . . . . 1 fr.

* PEROT. — *L'Homme et Dieu.* Méditation physiologique sur l'homme, son origine, son essence. 3 fr.

* Aug. RAIMON. — *Dieu et l'Homme.* Etude philosophique . . . . 5 fr.

Ed. RAOUX. — *Les trois intempérances* prévenues et combattues. . . . . 75 cent.

— *Le Toccin des deux santés.* . . . . . 1 fr.

— *Des Sociétés mutuelles de consommation* 1 fr. 25

— *Le Monde nouveau*, ou le Familistère de Guise. . . . . 75 cent.

— *Les Cerveaux noirs et l'orthographe.* . 1 fr.

— *Orthographe rationnelle*, ou écriture phonétique . . . . 3 fr.

* E. VAUCHEZ. — *La Terre.* Evolution de la Vie à sa surface. Son Passé, son Présent, son Avenir. 2 gros vol., illustrés de 66 fig. et d'un tableau en couleurs. . . . . 15 fr.

OUVRAGES DE PROPAGANDE

à 15 centimes.

ALMANACH SPIRITE pour 1890-91-92 (3 broch.).

H. DURVILLE. — *Bibliographie du Magnétisme et des sciences occultes.* Trois brochures.

— *L'Enseignement du Magnétisme*; avec préface de PAPUS.

— *Application de l'aimant au traitement des maladies,* avec 13 figures.

L. GUENEAU. — *La Terre.* Evolution de la vie à sa surface, son passé, son présent, son avenir, par VAUCHEZ (compte-rendu).

PAPUS. — *L'Occultisme.*

— *Le Spiritisme.*

E. VAUCHEZ. — *L'Education morale,* avec figures.

RIPAULT. — *L'Univers macranthrope.*

A 20 centimes

Le libre exercice de la médecine réclamé par les médecins. — I. Documents recueillis par H. DURVILLE.

La liberté de la médecine. — I. Pratique médicale chez les anciens, par ROUXEL.

Travaux du Congrès de 1893

I. *Compte-rendu des Travaux du Congrès.* Discours. — Discussions. — Réponses aux questions du programme. — Vœux et Résolutions, etc.

II. — *Rapport au Congrès* sur les travaux de la *Ligue* et l'organisation du *Congrès,* appréciations de la Presse, arguments en faveur du libre exercice de la médecine, par H. DURVILLE, *délégué* du Comité.

III. — *Thèse sur le libre exercice de la médecine,* soutenue en faveur de l'humanité souffrante, par le docteur G. DE MESSIMY.

IV. — *La liberté de tuer, la liberté de guérir.* II. *Le Magnétisme et l'Alcoolisme,* par FABIUS DE CHAMPVILLE.

V. — *La liberté de la médecine.* II. Pratique médicale chez les modernes, par ROUXEL.

VII. — *Le libre exercice de la médecine réclamé par les médecins.* II. (Documents divers, correspondance).

VIII. — I. *L'art médical,* par DANIAUD. — II. *Note sur l'enseignement et la pratique de la médecine en Chine,* par un LETTRÉ CHINOIS. — III. *Extrait de la Correspondance.* — IV. *Articles de journaux.*

IX. — *Sur un cas d'internement arbitraire,* par Mme DERONZIER.

ALMANACH SPIRITE ET MAGNÉTIQUE illustré pour 1893.

DEBOISSOUZE. — *Guérison certaine du choléra en quelques heures, des fièvres graves, congestions, apoplexie et rage,* 6e édit.

H. DURVILLE. — *Procédés magnétiques de l'auteur,* avec 3 fig.

— *Le Magnétisme humain considéré comme agent physique.*

— *Lois physiques du magnétisme.* — *Polarité humaine.*

G. FABIUS DE CHAMPVILLE. — *La transmission de pensée.*

— *La Science psychique,* d'ap. l'œuvre de M. SIMONIN, av. 1 fig.

ROUXEL. — *Théorie et pratique du Spiritisme.* — Consolation à Sophie. L'âme humaine. Démonstration rationnelle et expérimentale de son existence, de son immortalité et de la réalité des communications entre les vivants et les morts.

A 30 centimes

CHESNAIS. — *Le Trésor du Foyer.* (Nouvelle édit.)

H. DURVILLE. — *Le Massage et le Magnétisme* sous l'empire de la loi du 30 novembre 1892 sur l'exercice de la médecine. *Règlement statutaire* de l'Ecole pratique de Magnétisme et de massage. — *Statuts* du Syndicat des masseurs et magnétiseurs de Paris.

— *Le Magnétisme des animaux.* Zoothérapie. Polarité.

LUCIE GRANGE. — *Manuel du Spiritisme.*

LEBEL. — *Essai d'Initiation à la vie spirituelle.*

PALIN. *La médecine qui tue! Le Magnétisme qui guérit.* Le Rêve et les Faits magnétiques expliqués. *Homo Duplex.*

P.-C. REVEL.—*Esquisse d'un système de la nature* fondé sur la loi du hasard, suivi d'un essai sur la Vie future considérée au point de vue biologique et philosophique. Nouvelle édition.

ROUXEL. — *L'art d'abréger la vie.*

Manuel-Guide du Collectionneur de timbres-poste.

La Graphologie pour tous. — Exposé des principaux signes permettant très facilement de connaître les qualités ou les défauts des autres par l'examen de leur écriture, etc., avec fig.

EM. VAUCHEZ. — *Messieurs de Loyola.* — La Banqueroute de la Science et la Faillite de l'Instruction obligatoire, gratuite et laïque.

A 45 centimes

H. DURVILLE. — *Le Magnétisme considéré comme agent lumineux*, avec 43 figures.

Nota. — Les ouvrages de propagande sont vendus en gros avec les réductions suivantes:

Par 500 exemplaires, assortis ou non.				50 0/0 de remise.
100	—	—	—	40 0/0 —
50	—	—	—	33 0/0 —
25	—	—	—	25 0/0 —

PORTRAITS

En photogravure à 20 centimes.

ALLAN KARDEC, BERTRAND, BRAID, CAHAGNET, CHARCOT, CHARPIGNON, DELEUZE, DURAND (DE GROS), DURVILLE, G. FABIUS DE CHAMPVILLE, GREATRAKES, VAN HELMONT, LAFONTAINE, LUYS, MESMER, PARACELSE, PÉTETIN, DU POTET, le marquis DE PUYSÉGUR, RICARD, TESTE.

En phototypie, à 1 fr.
(Collection de la « Irradiacion ».)

ALLAN KARDEC, J.-M.-F. COLAVIDA, ESTRELLA, C. FLAMMARION, MARIETTA.

Photographies à 1 fr.

CAGLIOSTRO, CAHAGNET, DELEUZE, A. DE GASPARIN, LUCIE GRANGE, VAN HELMONT, LE ZOUAVE JACOB, LAFONTAINE, DU POTET, DE PUYSÉGUR, RICARD, SALVERTE.

TRAITEMENT DES MALADIES

à la portée de tous les malades, par les aimants vitalisés du professeur H. DURVILLE

Les aimants vitalisés guérissent ou soulagent toutes les maladies. L'immense avantage qu'ils possèdent sur tous les autres modes de traitement, c'est que l'on peut, selon la nature de la maladie, augmenter ou diminuer l'activité organique et rétablir ainsi l'équilibre des forces qui constitue la santé. Les douleurs vives cessent au bout de quelques instants, les accès deviennent moins fréquents et la guérison se fait sans modifier son régime et ses habitudes.

Leur emploi se généralise dans le traitement des diverses maladies et plus particulièrement dans les cas nerveux, où les médicaments font souvent du mal, même en guérissant. Ces aimants comprennent plusieurs catégories :

Lames magnétiques

Au nombre de 4, elles s'emploient dans les cas suivants :

Le n° 1 : Contre la crampe des écrivains et des pianistes, les affections des bras, du bas des jambes, des pieds et l'organe génital chez l'homme.

Le n° 2 : Contre les affections des jambes, de la gorge et du larynx.

Le n° 3 : Contre les bourdonnements, la surdité, la migraine, les maux de dents, les névralgies, l'insomnie, les maux de tête et toutes les affections du cerveau, y compris les affections mentales. — Contre la sciatique.

Le n° 4 : Contre les affections des reins, des poumons, du foie, du cœur, de la rate, de l'estomac, de l'intestin, de la vessie, de la matrice et des ovaires. — Contre les maladies de la moelle épinière.

Ces lames, qui ne diffèrent que par la courbure et la longueur, ne répondent pas à tous les besoins; on fait des lames dites *spéciales* ne portant pas de numéro, qui servent dans certains cas. — *Prix de chaque lame*........... 5 fr.

Plastrons magnétiques

Dans beaucoup de maladies anciennes et rebelles, une seule lame n'est pas toujours suffisante pour vaincre le mal. Pour obtenir une plus grande somme d'action, plusieurs lames sont réunies pour former des *plastrons*.

Les plastrons valent 10, 15 *ou* 20 *fr., selon qu'ils ont* 2, 3 *ou* 4 *lames.*

Barreau magnétique

Avec accessoires pour magnétiser les *boissons* et aliments.

Prix de chaque appareil................................ 10 fr.

Bracelet magnétique

Bijou très élégant. — S'emploie contre tous malaises : maux de tête ou d'estomac, palpitations et battements de cœur, névralgie et migraine légères, douleurs dans les bras, crampe des écrivains et des pianistes, etc., etc. On le fait de quatre grandeurs : sans numéro pour les enfants ; avec les numéros 1, 2, 3, pour les grandes personnes. Pour celles-ci, indiquer la grosseur du poignet par l'un des mots *petit, moyen, gros.*

Prix du bracelet, quelle que soit la grandeur.............. 10 fr.

Porte-Plume magnétique

contre la crampe des écrivains. *Prix du porte-plume*............... 5 fr.

Sensitivomètre

S'emploie surtout pour se rendre compte si les personnes sont susceptibles d'être endormies par le magnétisme ou par l'hypnotisme et pour mesurer leur degré de sensitivité. — *Prix de chaque sensitivomètre*........ 10 fr.

Les aimants du professeur H. Durville sont soumis à l'aimantation ordinaire et à une opération spéciale : la *vitalisation*, qui augmente considérablement leur puissance curative. Quoiqu'ils perdent peu de leur aimantation, la *force vitale* disparait plus ou moins au bout de 1 à 4 mois, selon l'usage qu'on en fait. Il faut alors les renvoyer à l'*Institut* pour être revitalisés.

Prix de la vitalisation, pour chaque pièce simple............ 2 fr.

Prix de la vitalisation, nickelage ou garniture.. id....... 3 fr.

Les malades peuvent choisir eux-mêmes les appareils qui leur sont nécessaires; toutefois, dans les maladies compliquées, il est préférable d'exposer au directeur de l'*Institut*, la nature, la cause, les symptômes de la maladie, l'époque depuis laquelle on souffre, etc. En précisant le mode d'emploi, on indique les appareils que l'on doit employer avec le plus de chance de succès.

Toute demande doit être accompagnée d'un mandat à l'ordre de M. H. Durville, 23, rue St-Merri, Paris. Pour les pays où les envois d'argent sont coûteux, on accepte le payement en timbres-poste, moyennant une augmentation de 15 0/0.

Paris. — Typ. A. Malverge 171 rue St-Denis.

www.ingramcontent.com/pod-product-compliance
Ingram Content Group UK Ltd.
Pitfield, Milton Keynes, MK11 3LW, UK
UKHW031942260826
14628UKWH00004B/1794